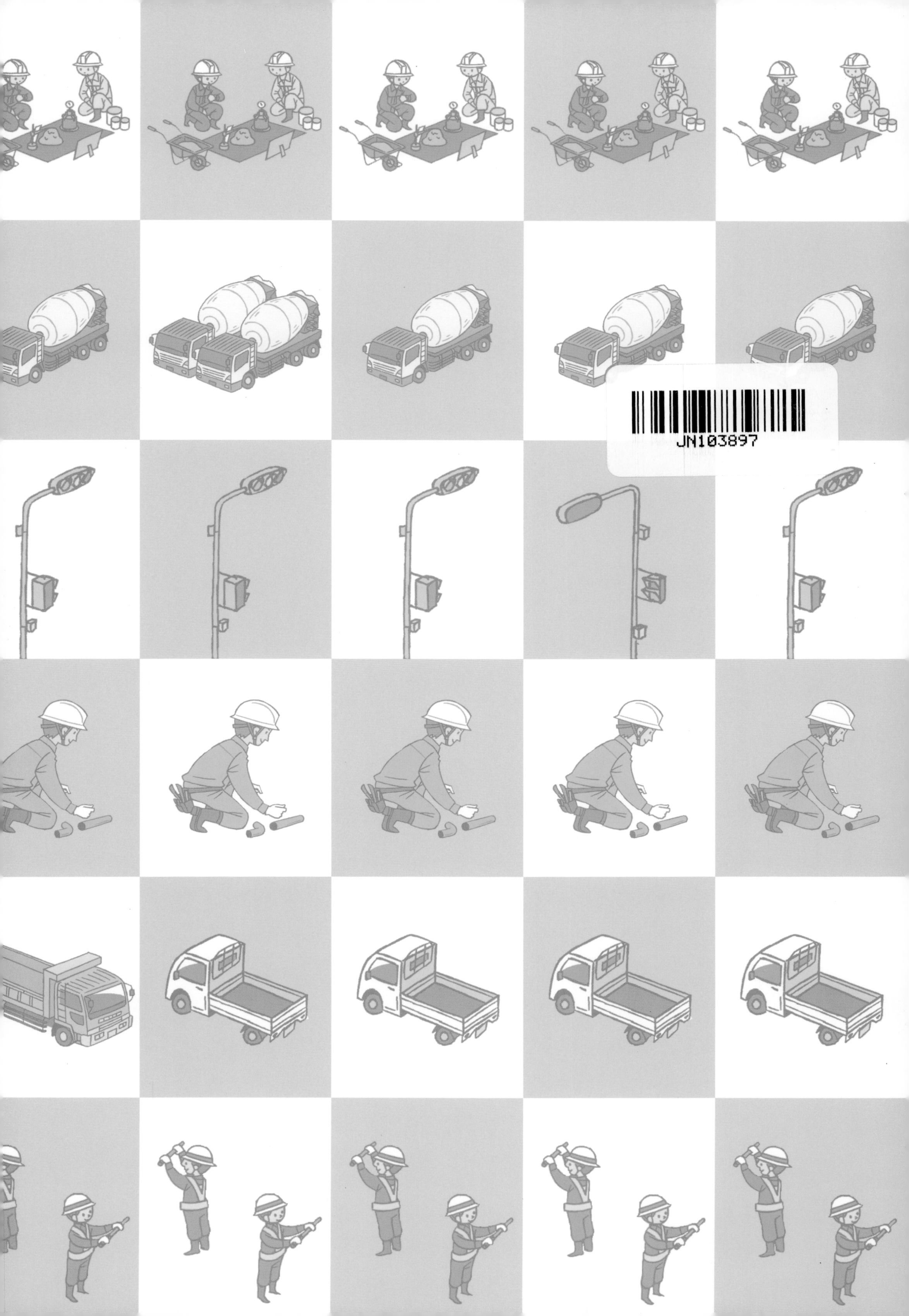

だんだんできてくる

アサガオがニョキニョキのびてくるのをかんさつするように、何《なに》かが少《すこ》しずつできあがってくるようすは、わくわくしますよね。

このシリーズでは、まちのなかで目《め》にする「とっても大《おお》きなもの」が、だんだん形《かたち》づくられていくようすを、イラストでしょうかいしています。

できあがるまでに、いろいろな工事《こうじ》がなされていて、はたらく車《くるま》や大《おお》きなきかいがたくさんかつやくし、多《おお》くの人《ひと》びとがかかわっていることがわかります。

一日一日《いちにちいちにち》、時間《じかん》をつみかさねることで、大《おお》きなものがだんだんできあがってくるようすを楽《たの》しんでください。

だんだん できてくる マンション

鹿島建設株式会社／監修
たじまなおと／絵

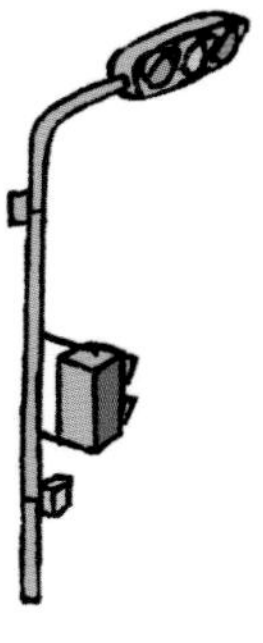

フレーベル館

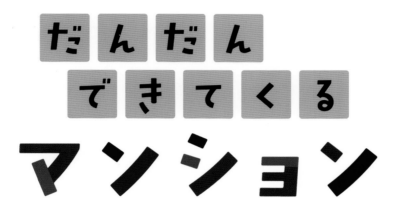

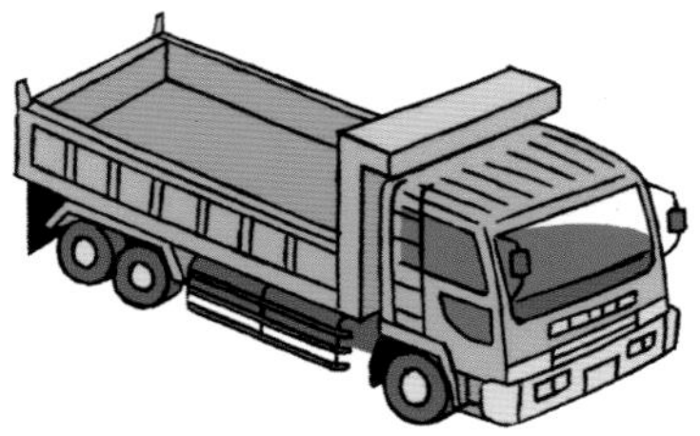

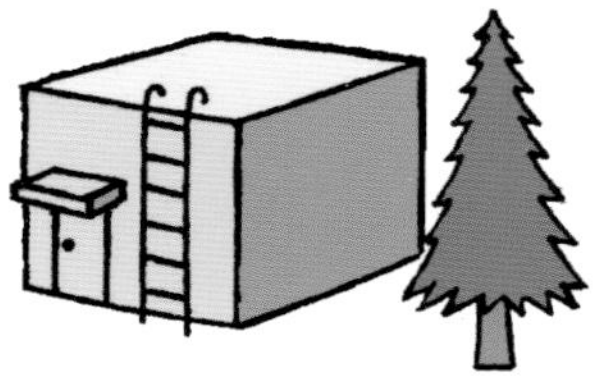

もくじ

はじめに

くらしをつくるマンション

わたしたちは毎日《まいにち》、同《おな》じようなことをしてすごしています。話《はな》す、あそぶ、学《まな》ぶ、食《た》べる、ねむる……。

これが「くらし」です。

わたしたちのくらしのほとんどは、家《いえ》で行《おこな》われます。

ひと口《くち》に家《いえ》といってもその形《かたち》はそれぞれですが、そのひとつにマンションがあります。

マンションは、土地《とち》がせまくても、たてものを上《うえ》へと高《たか》くたてることによって、へやを数多《かずおお》くつくることができるのがとくちょうです。

そして、そのへやの一《ひと》つひとつが「家《いえ》」です。

マンションは人口《じんこう》の多《おお》い町《まち》でよく見《み》かけるたてもの。よりたくさんの人《ひと》に、くらしのための家《いえ》をよういしているのです。

さて、マンションをたてることになりました。

どんなに見上《みあ》げても、いちばん上《うえ》まで見《み》えないくらいの高《たか》さのものです。どんなにせの高《たか》いたてものでも、工事《こうじ》のはじまりは地面《じめん》の高《たか》さから。

かべでかこわれた工事《こうじ》げんばには、たくさんのトラックやじゅうき、そして人《ひと》が出入《でい》りします。

それぞれ、どんなはたらきをしているのでしょうか。

マンションは、どのようにつくられているのでしょうか。

だんだんできてくるようすを、見《み》てみましょう。

マンションをつくる

　ここにマンションをつくろう。
マンションができたら、
たくさんの人《ひと》があつまり、くらしが生《う》まれる。

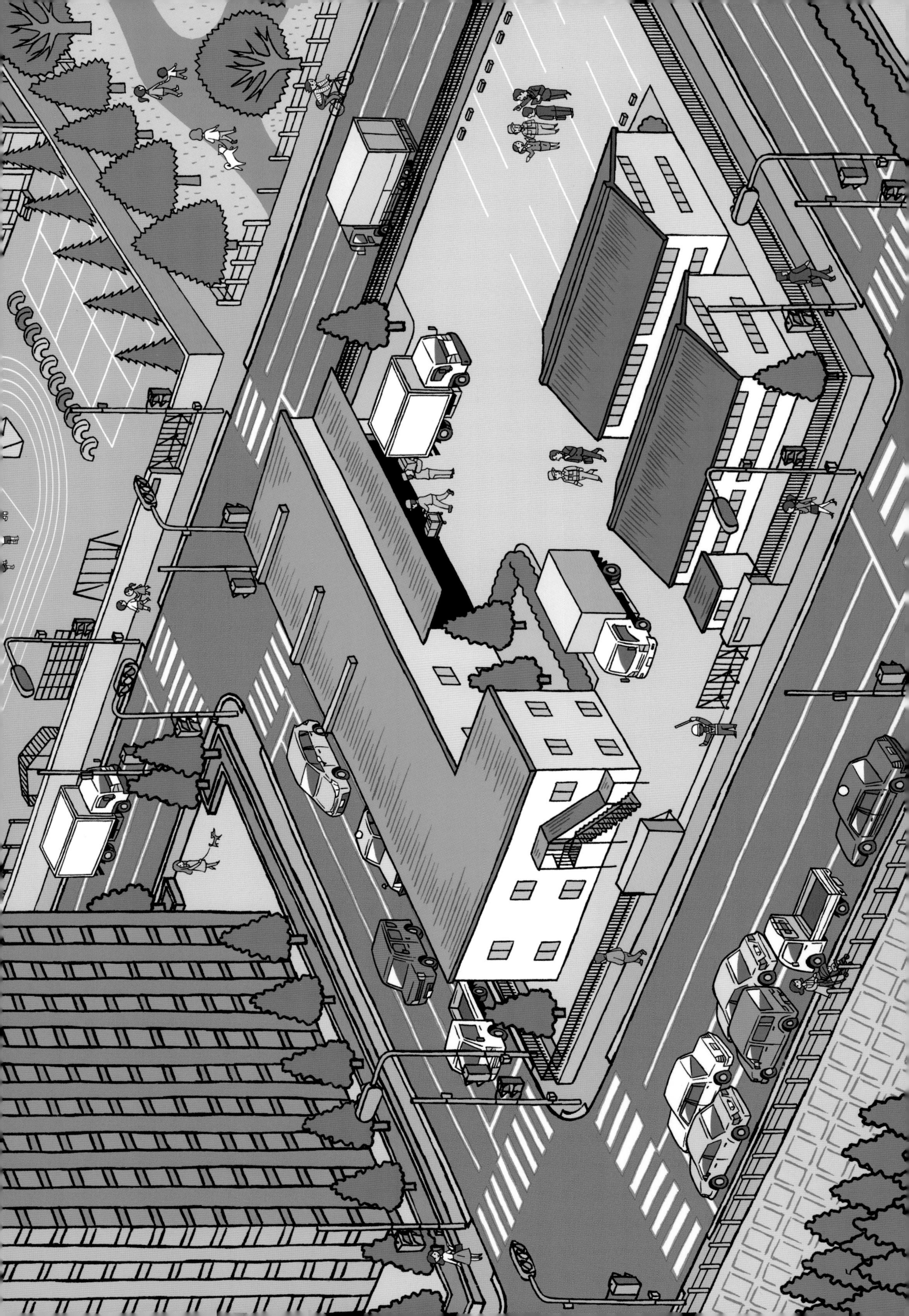

土《と》地《ち》の まわりを かこむ

マンションをたてる土地《とち》に、てつのいたをならべて「仮《かり》がこい」をする。ここで工事《こうじ》をしていること、入《はい》ったらあぶないということを、みんなにつたえるためだ。

まず、もともとあったたてものを、こわしていく。あけしめできるゲートからは、たてもののはしらや、かべをこわすじゅうき、トラックが出入《でい》りする。もちろん、ここではたらく人《ひと》たちも。

仮《かり》がこいには、中《なか》がのぞけるようになっているところもある。

かい体《たい》ようじゅうき

長《なが》いアームの先《さき》に、パクラーという大《おお》きなはさみがついた、じゅうき。

パクラー

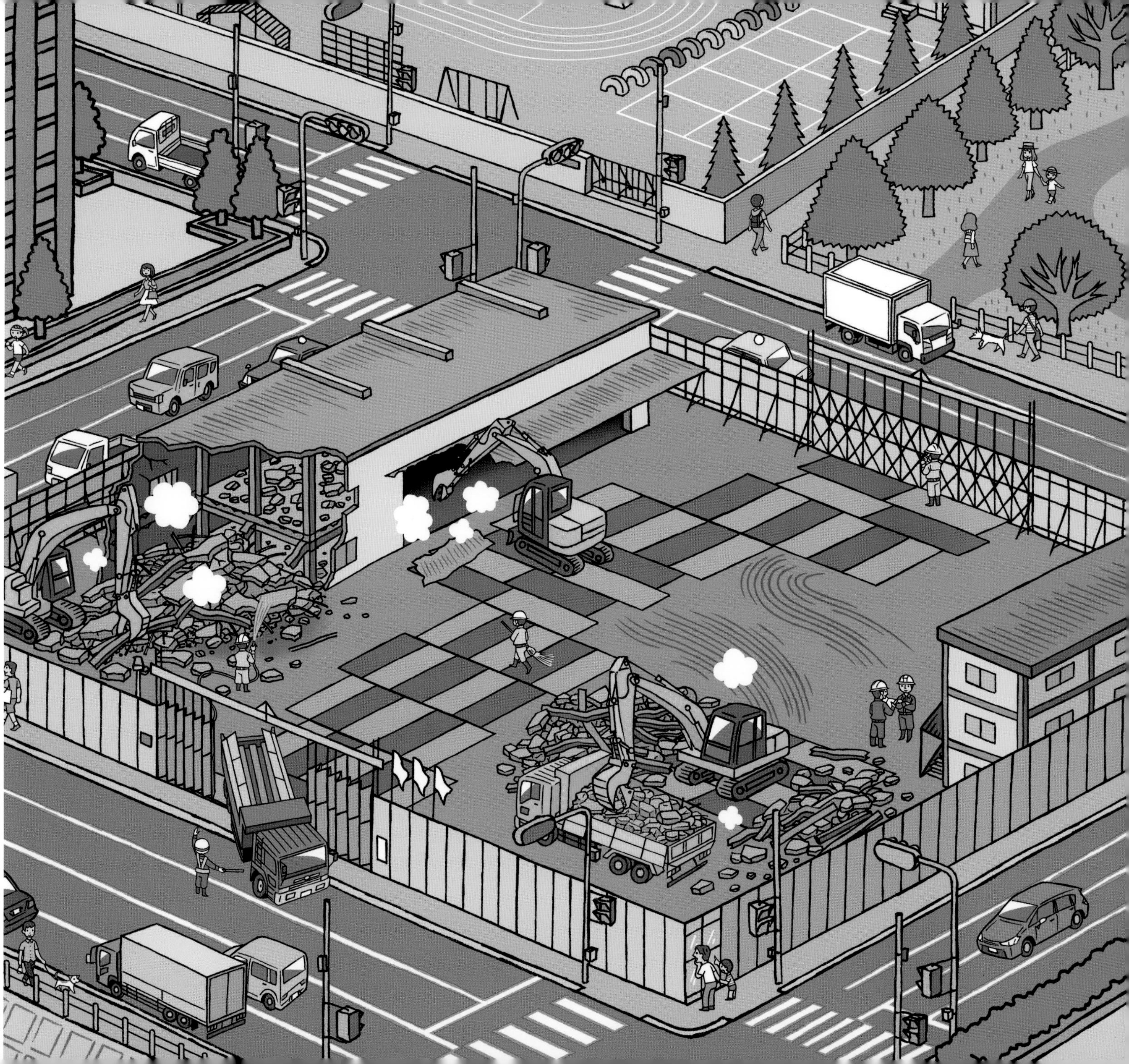

たくさんのプロが力《ちから》を合《あ》わせる

はしらを立《た》てたり、かべをはったり、マンションをつくるには、いろいろなさぎょうがあります。

それらのさぎょうは、ぜんぶおなじ人《ひと》がするのではなく、それぞれせんもん（専門）の人《ひと》が行《おこな》います。つまり「プロフェッショナル」な人《ひと》たち。ひつようなときにひつような人数《にんずう》でやってきます。

くいをうつ

たてものをつくっていく。きめておいた、つくりたい形《かたち》をかいた図《ず》を見《み》ながら、スタート！

せの高《たか》いたてものをささえているのは、地面《じめん》の下《した》にうちこまれた「くい」だ。大切《たいせつ》なのに、たてものができてしまうと見《み》ることはできないから、あまり知《し》られていない。

地面《じめん》ふかくのかたいところまで、アースドリルであなをあけて、がっちりとうちこむ（場所《ばしょ》うちぐい）。くいは、長《なが》さが60メートルにもなることがある。

てっぱんがずらり

工事《こうじ》げんばには、てっぱん（てつのいた）がしかれているのをよく目《め》にします。これは、ずっしりおもいトラックやじゅうきが、地面《じめん》にめりこんで、うごけなくなることをふせぐためです。

場所《ばしょ》うちぐい

地面《じめん》にあなをほって、くいをうつ手《て》じゅんです。

①安定《あんてい》えきをみたしながら、ドリルでほる。

②てっきんかごをあなに入《い》れる。

③あなのそこから、コンクリートをながし入《い》れる。

④コンクリートがかたまったら、土《つち》でうめもどす。

安定《あんてい》えき
……ドリリングバケット
かたい地《じ》ばん
……てっきんかご
安定《あんてい》えき……
コンクリート……
……トレミーかん
土《つち》……

アースドリル

クレーンのようなブームに、ドリルのぼうがついたじゅうき。ドリリングバケットの先《さき》に、がんじょうな刃《は》がならんでついていて、バケットごと回《まわ》りながら地面《じめん》をほっていく。

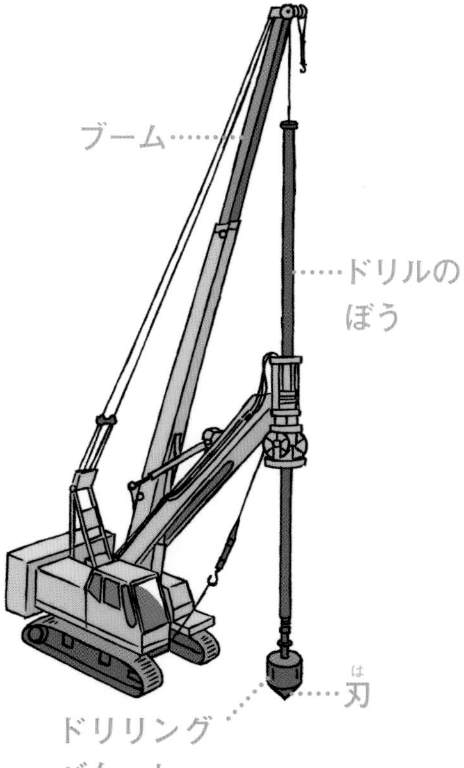

ほった土《つち》をためこむことができる。いっぱいになったら、地上《ちじょう》に引《ひ》き上《あ》げて、からにする。

地下《ちか》は たてもの の土台《どだい》

くいをうったらバックホウで地面《じめん》をほり、てっきん(てつのぼう)を組《く》んだり、コンクリートをながしこんだりして、地面《じめん》の下《した》(地下《ちか》)からがっちりかためる。

ここまでのさぎょうを「きそ(基礎)」という。たてものをたてるときに、いちばん時間《じかん》をかけるところだ。

バックホウ
シャベルでかきこむように土《つち》をほるじゅうき。

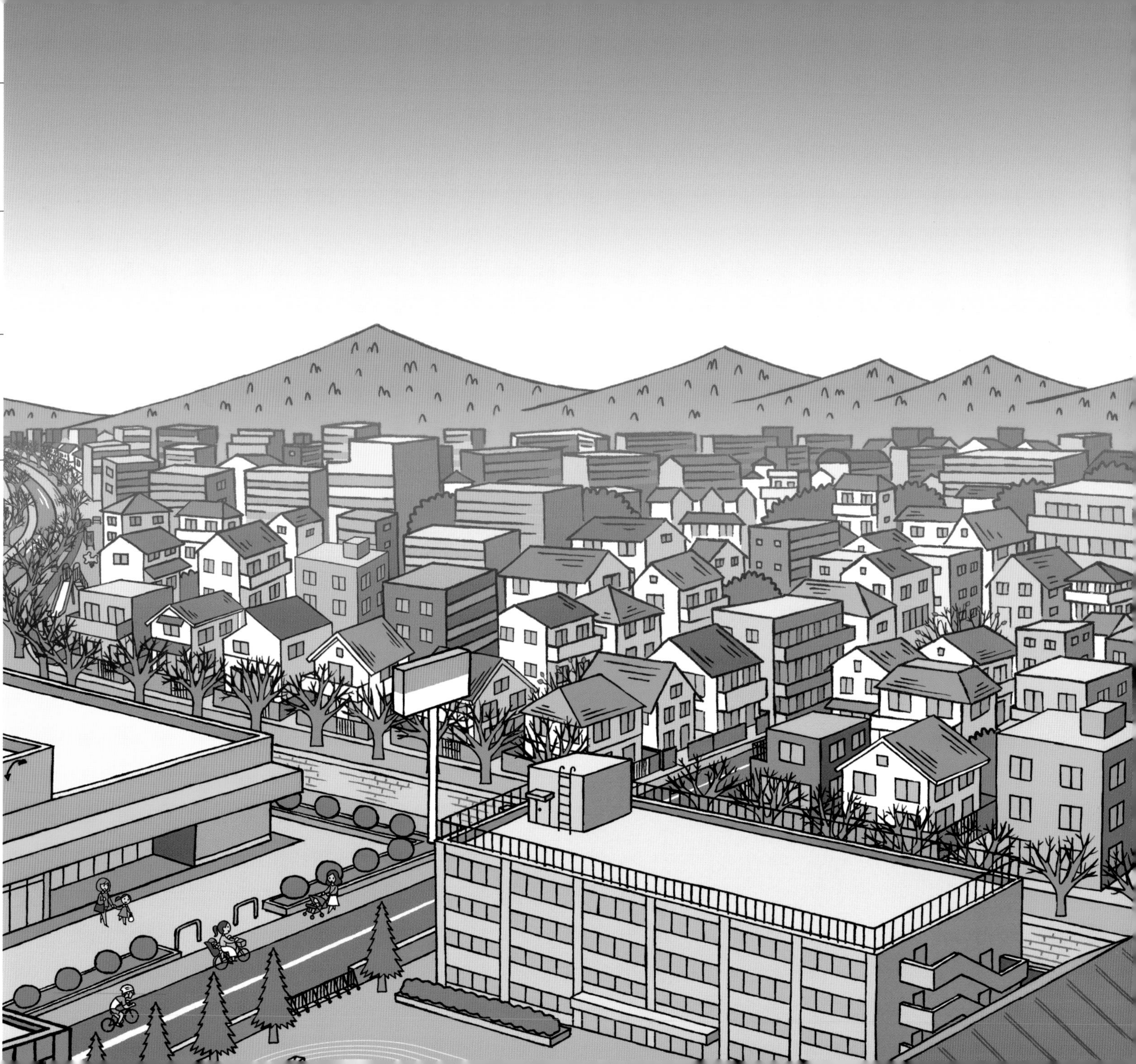

きそのつくり方《かた》

①くいの
ところまで、
ほっていく。

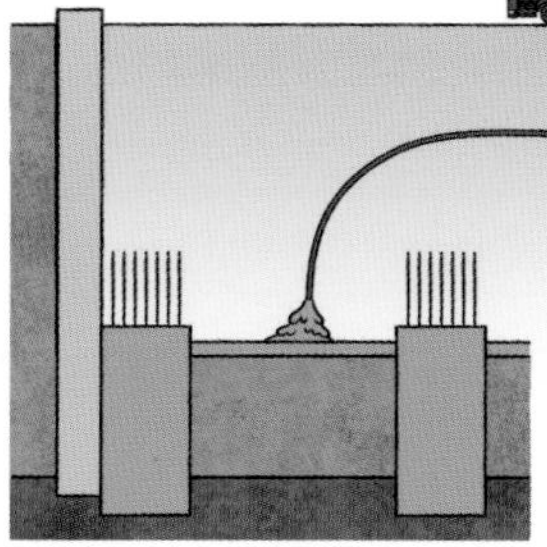

②「きじゅんコンクリート」をうすくながして、かためる。

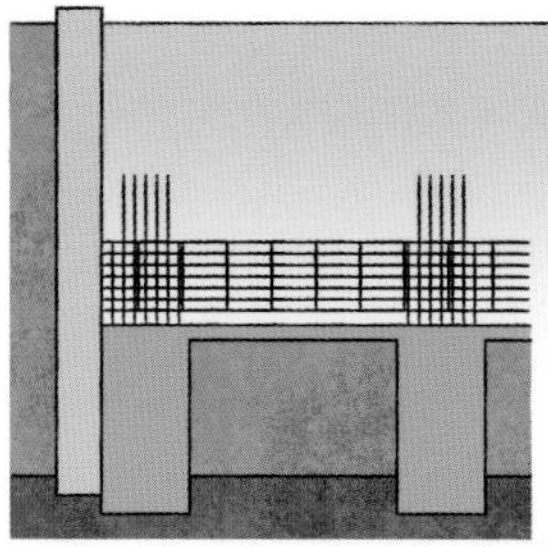

③てっきんを組《く》む。

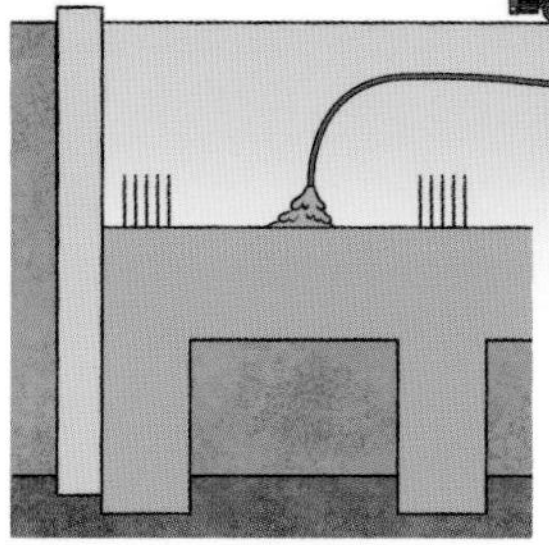

④コンクリートを
ながしてかためる。

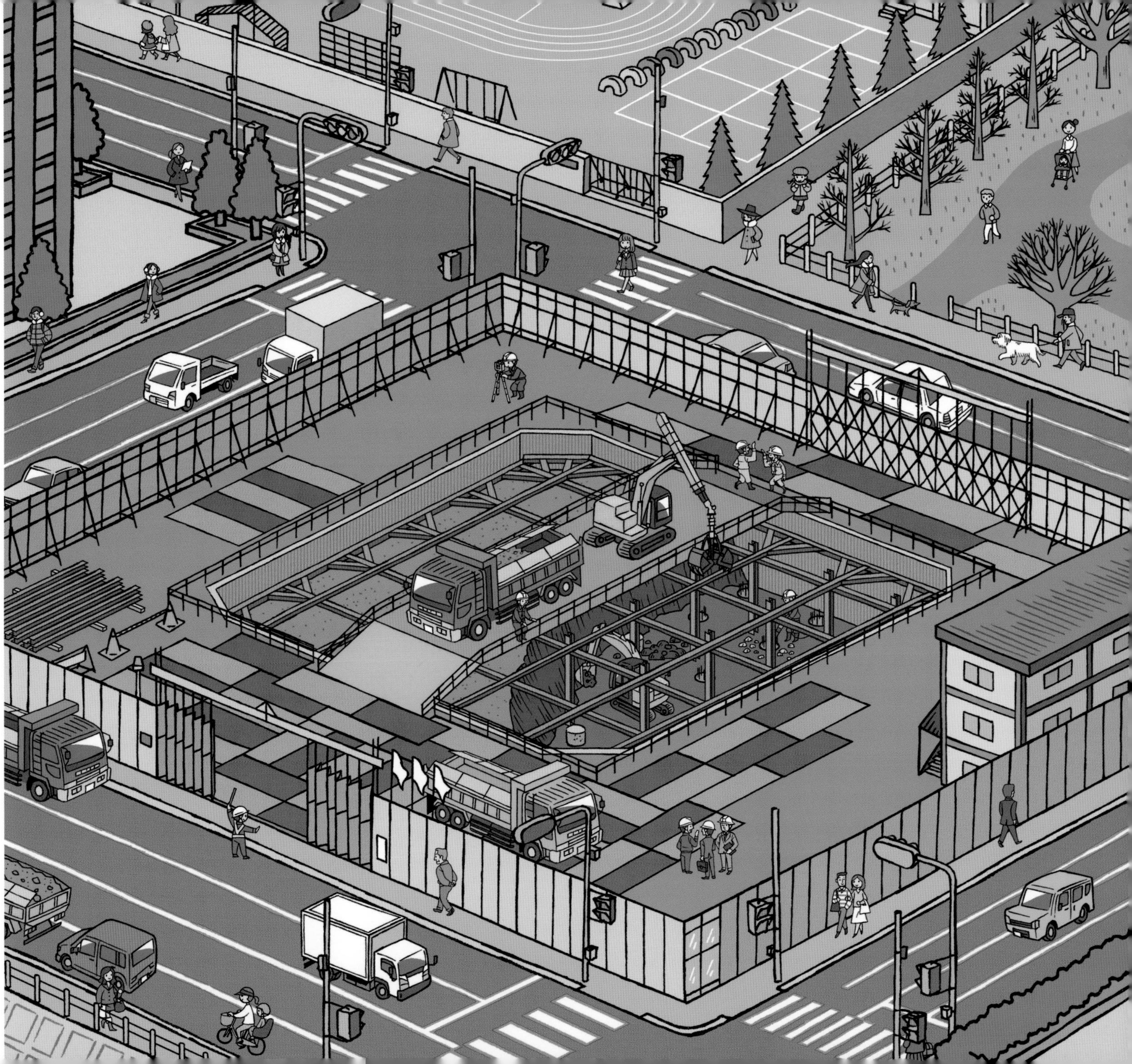

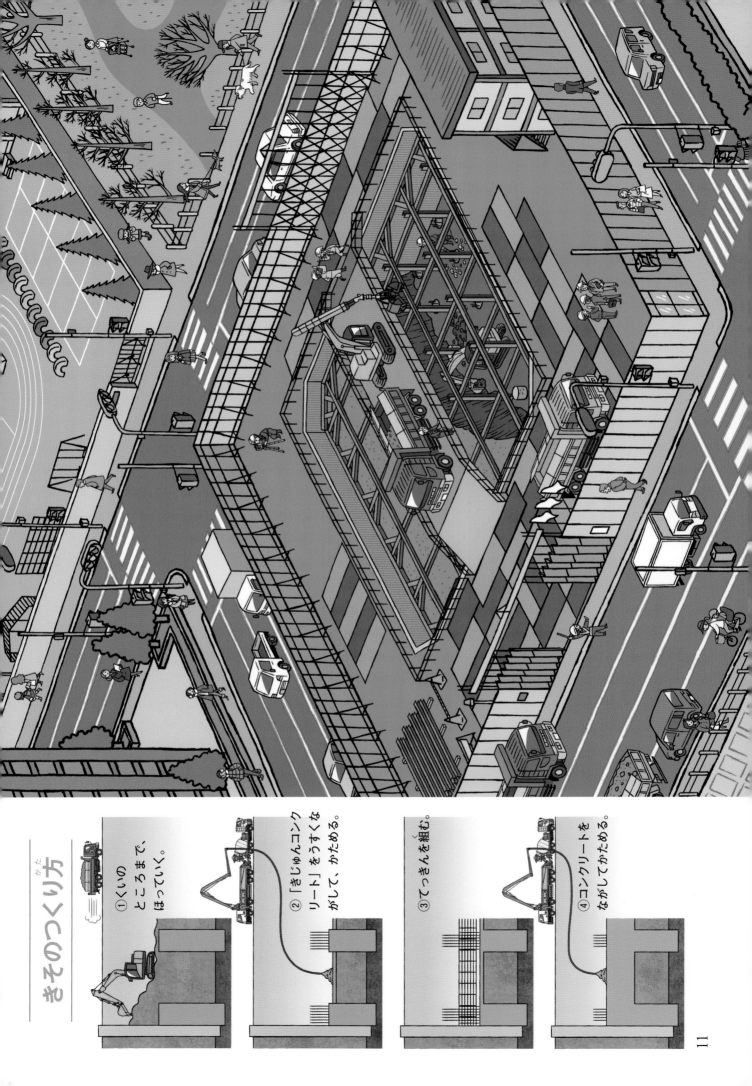

いよいよ

地上《ちじょう》へ

長《なが》く時間《じかん》のかかる地下《ちか》のきそ工事《こうじ》がおわると、いよいよ地上《ちじょう》の工事《こうじ》がはじまる。地下《ちか》とおなじように、てっきんをきっちり組《く》みこみ、コンクリートもすきまなくながす。とてもがんじょうなつくりだ。

コンクリートはチームワークで

コンクリートが、かたまらないうちに、チームワークでテキパキとさぎょうします。

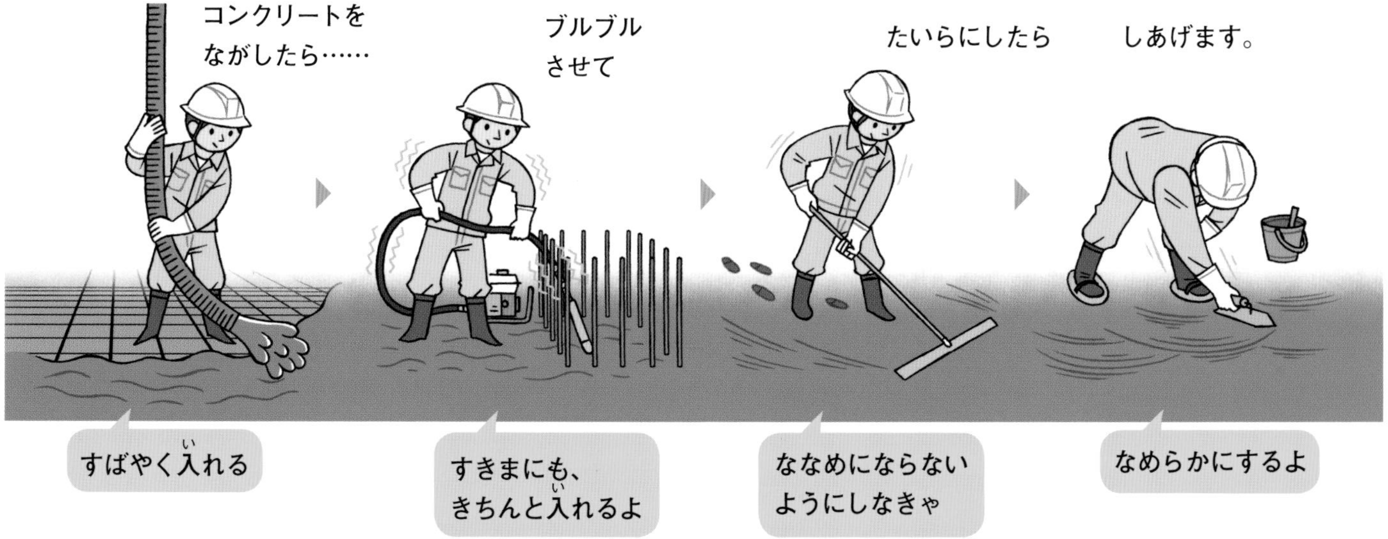
コンクリートを
ながしたら……
ブルブル
させて
たいらにしたら
しあげます。
すばやく入《い》れる
すきまにも、
きちんと入《い》れるよ
ななめにならない
ようにしなきゃ
なめらかにするよ

つかいたいときに ぴったりおとどけ！

コンクリートは、セメントと小石《こいし》、すな、水《みず》をまぜたもので、生《なま》コンクリートとよばれます。2時間《じかん》くらいたつとかたまりはじめるので、まぜてから1時間《じかん》半《はん》いないにつかいおわるよう、工事《こうじ》げんばへとどく時間《じかん》を計算《けいさん》して、コンクリート工場《こうじょう》でつくられます。

コンクリートミキサー車《しゃ》

コンクリート工場《こうじょう》からげんばへ、コンクリートをはこぶ車《くるま》。かたまらないように、ミキサーをぐるぐる回《まわ》している。

コンクリートポンプ車《しゃ》

コンクリートミキサー車《しゃ》とつなげて、パイプやホースで、コンクリートをいきおいよくおくり出《だ》す車《くるま》。

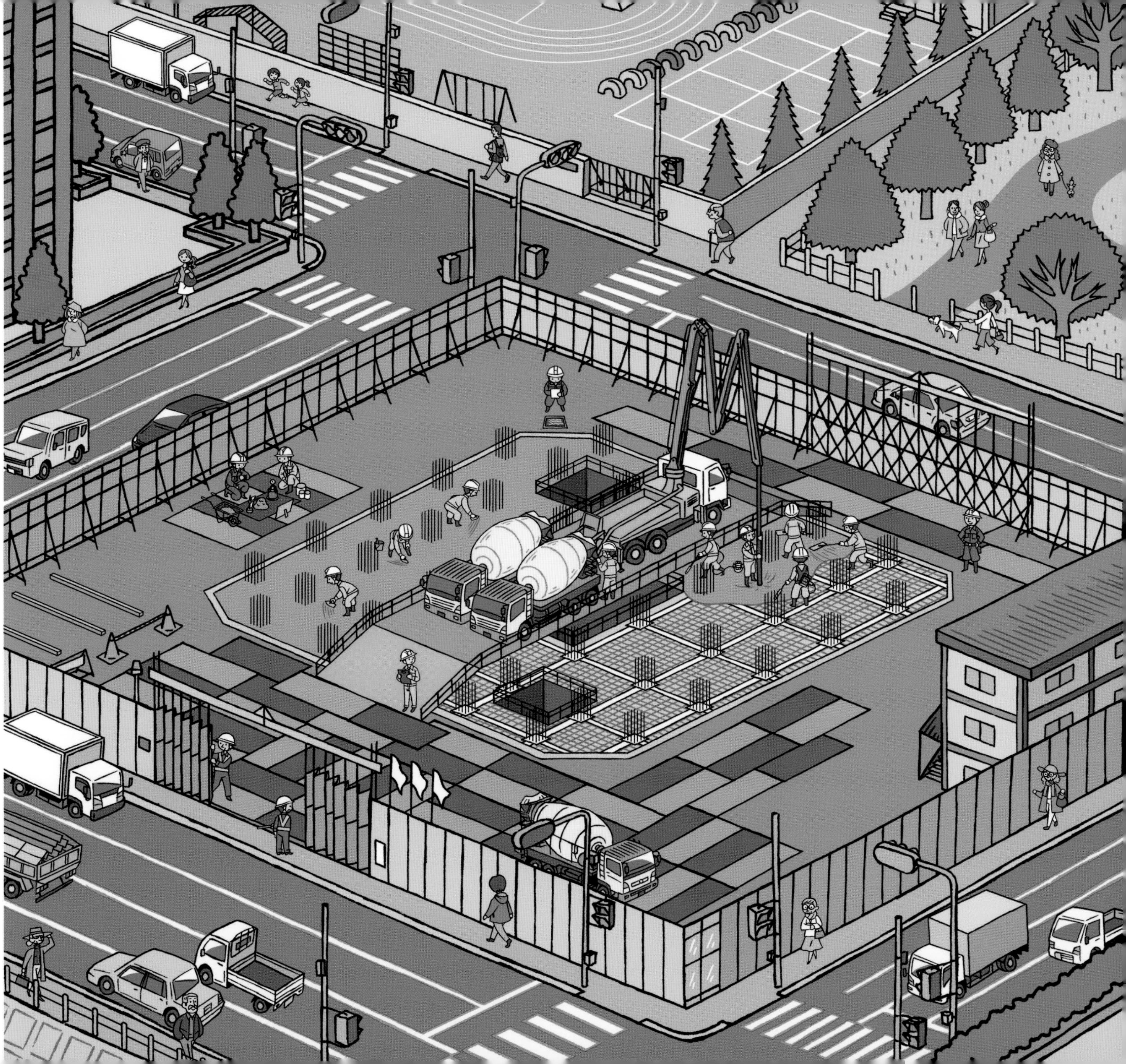

ほねを組《く》む

たてものには、人間《にんげん》のからだとおなじように「ほね」がある。このほねで、かたむいたり、たおれたりしないように、力強《ちからづよ》くささえるためだ。

たてもののほねは、たてにつける「はしら」と、よこにつける「はり」でできていて、それらがガチッとかたく組《く》み合《あ》っている。

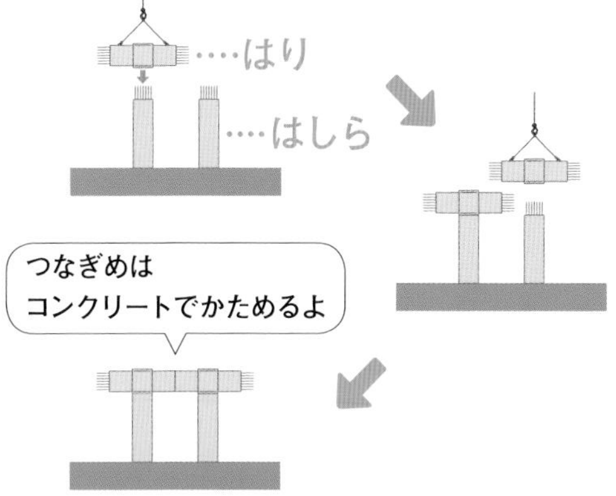

工場《こうじょう》から とどくはしら

マンションのはしらやはりは、組《く》んだてっきんに、コンクリートをながしてつくります。その場《ば》でつくることもできますが、さいきんは、せんようの工場《こうじょう》でつくられたものをはこんできて、つかうことが多《おお》くなっています。

タワークレーン

高《たか》さをかえられるクレーン。たてものなど大《おお》きなものをつくるときに大《だい》かつやくする。

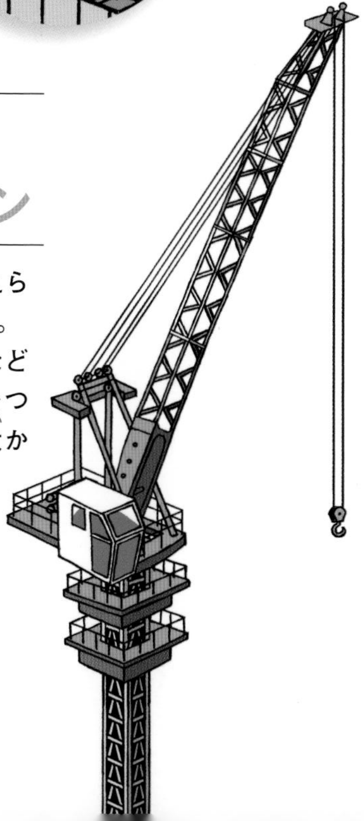

1かいずつつくる

　ほね組《ぐ》みができたら、コンクリートをながしこんで、ゆかをつくる。ゆかといっても、わたしたちが歩《ある》くゆかではなく、その下《した》にあるぶぶん。これで1かい分《ぶん》のフロアのできあがりだ。
　ほね組《ぐ》みとゆかづくり、くりかえしのさぎょうで、1フロアずつ、じゅんばんにつくっていく。

木《き》のいたやタイルなどをしいたゆか。
てっきんを組《く》んだところに、コンクリートをながして、かためたゆか。

げんばかんとくの、うでの見《み》せどころ

たくさんの人《ひと》やトラックが出入《でい》りする工事《こうじ》げんばをまとめているのは、げんばかんとく。工事《こうじ》が止《と》まらずにすすむように、げんばのすみずみまで気《き》をつかっているよ！

なるほど～
はいよっ
ヨシッ！
どうも！
バッチリ

つぎのフロアの工事《こうじ》は、この日《ひ》からはじまるだろうから……

よし、この日《ひ》までにざいりょうをとりよせよう！

ぴったりにざいりょうがとどいた！　よし、今日《きょう》もがんばるぞ！

また、正《ただ》しくできあがっているか、きびしくチェックするのも、しごとのひとつ。

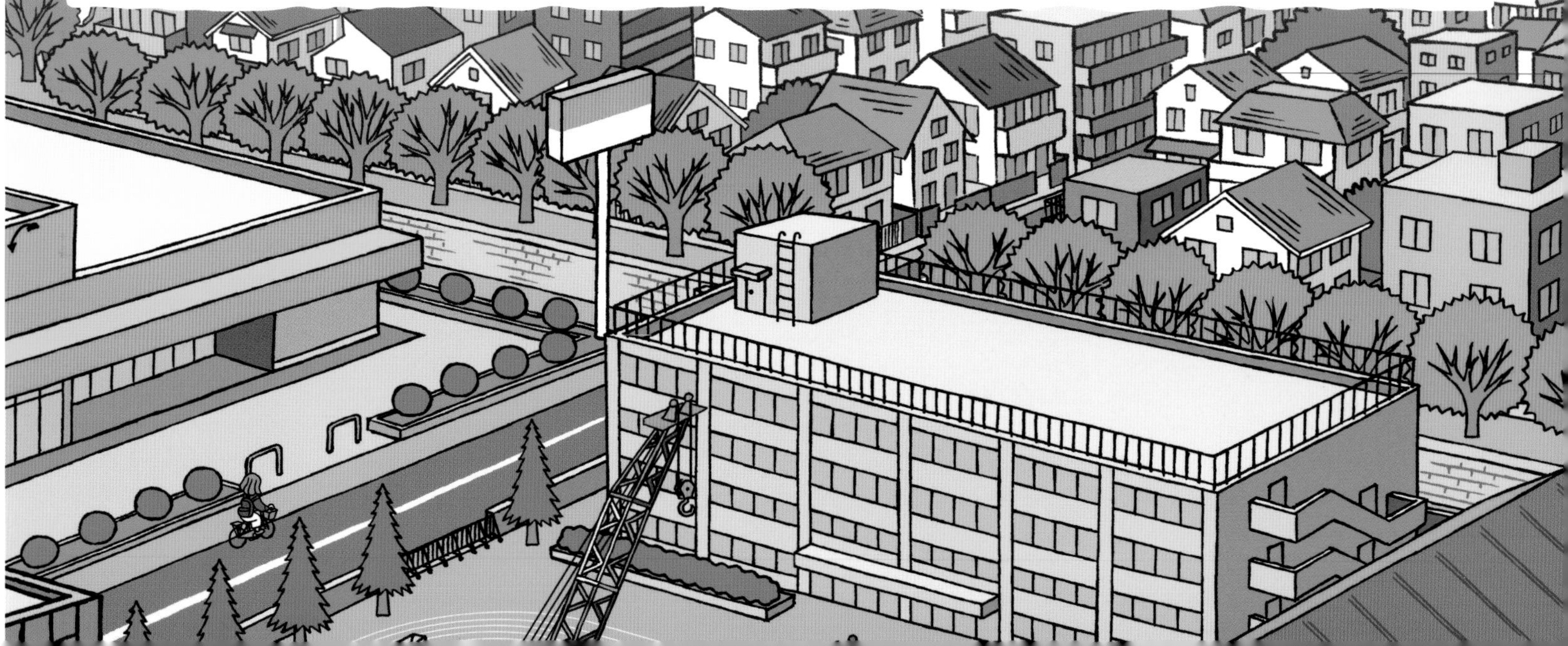

「とび」というしょく人《にん》

たてものをつくるげんばでは、たくさんの人《ひと》がはたらいていますが、その中《なか》に「とび」とよばれるしょく人《にん》がいます。どくとくの形《かたち》をしたズボンをはいていて、高《たか》いところでも、はしらやはりの上《うえ》を、かるがるとうごき回《まわ》ってさぎょうをします。

とびというよび名《な》は、しょく人《にん》が「トビ」という鳥《とり》の口《くち》の形《かたち》ににた道具《どうぐ》を使《つか》っていたことからつけられたといわれます。

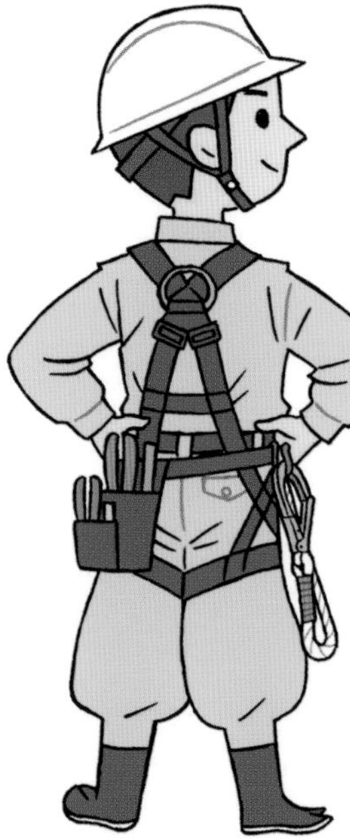

うごきやすいズボンをはき、ベルトには道具《どうぐ》をぶらさげている。

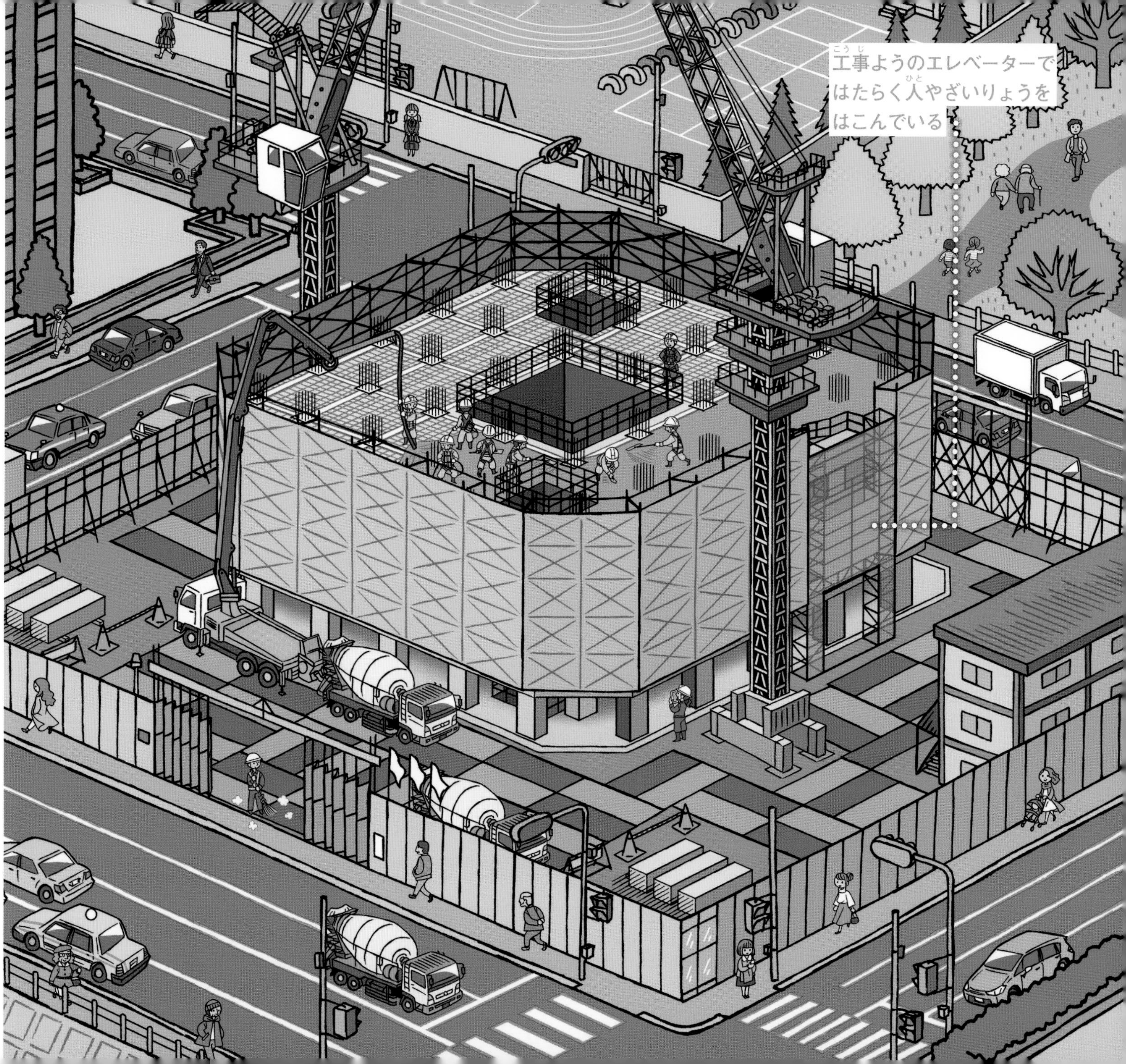

上《うえ》と下《した》とで ちがう工事《こうじ》

フロアができたら、外《そと》がわのかべやまどをつける。かべができれば、雨《あめ》や風《かぜ》をふせぐことができる。そうしたら、天《てん》じょうや内《うち》がわのかべをつける「内《ない》そう工事《こうじ》」がはじまる。

どんどん高《たか》くなっていくマンションの中《なか》では、上《うえ》のほうではほね組《ぐ》み、下《した》のほうでは内《ない》そうと、まるでおいかけっこのように工事《こうじ》がすすんでいる。

クレーンがのびた！

高《たか》いところまで、はしらやはりなどのざいりょうをとどけるのがタワークレーン。マンションが高《たか》くなるのにあわせて、タワークレーンものびていく。

タワークレーンののばし方《かた》

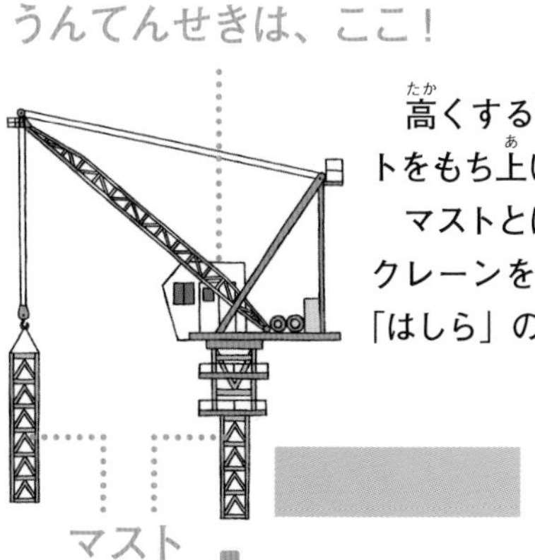

高《たか》くする分《ぶん》のマストをもち上《あ》げる。

マストとは、タワークレーンをささえる「はしら」のこと。

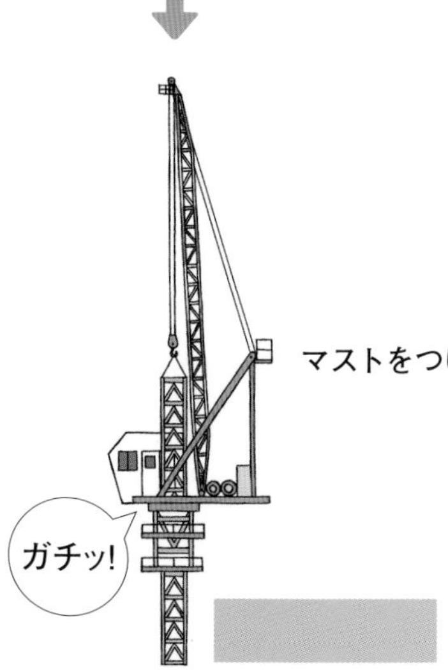

マストをつける。

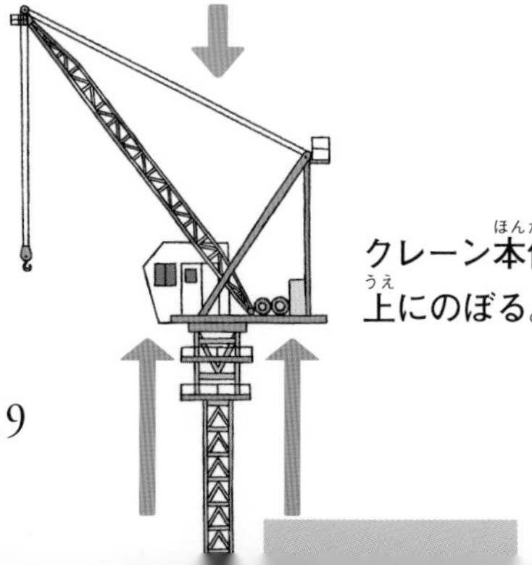

クレーン本体《ほんたい》が上《うえ》にのぼる。

きれいに しあげる

マンションの外《そと》がわは、すっかりできあがり、あとは、へやの中《なか》をしあげるだけだ。

電気《でんき》のコードをつなげたり、ゆかいたや、かべのクロスをはったり。

エレベーターもつけて、くらす人《ひと》びとをむかえるじゅんびをととのえる。

おつかれさま！
タワークレーン

　長《なが》い間《あいだ》はたらいてくれたタワークレーンのしごとも、おしまいです。のばし方《かた》とぎゃくのやり方《かた》で地《ち》上《じょう》へもどし、バラバラにしてトレーラーにのせ、つぎのげんばへとむかいます。

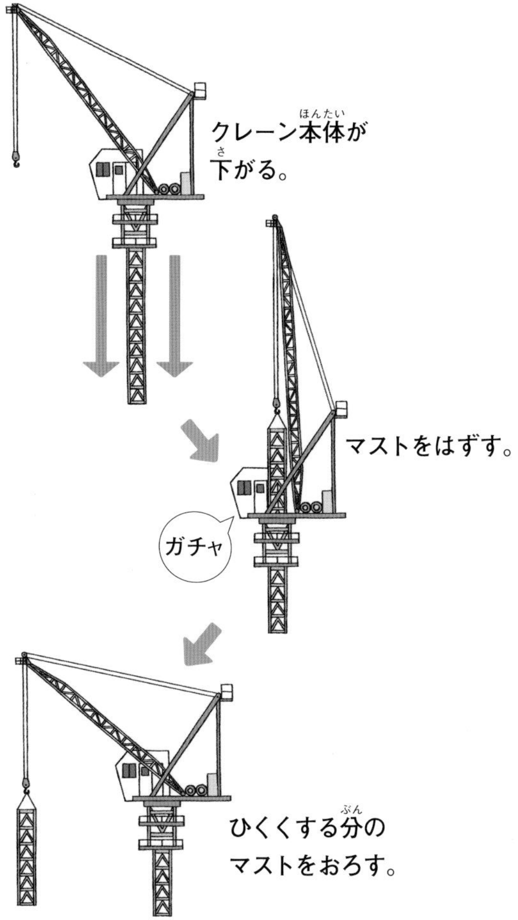
クレーン本体《ほんたい》が
下《さ》がる。
マストをはずす。
ガチャ
ひくくする分《ぶん》の
マストをおろす。

しつないのドアを
つけているよ！

マンションができた！

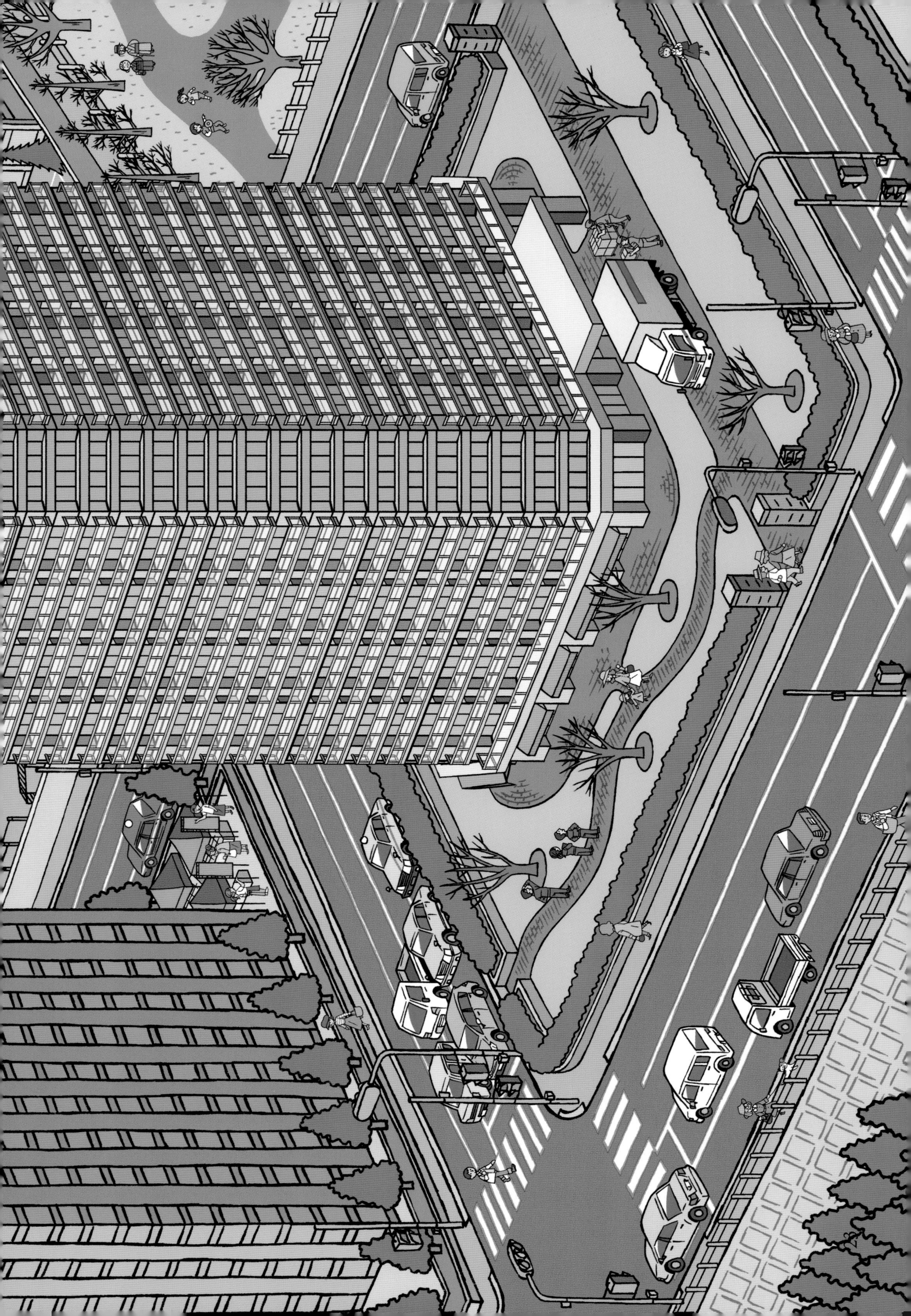

おわりに

マンションのまわりにも……

たくさんの人《ひと》がくらすマンションができあがりました。
この町《まち》にくらす人《ひと》がふえたことで、マンションのまわりには、新《あたら》しいお店《みせ》がオープンしはじめました。べんりになってくると、近《ちか》くの町《まち》からも、人《ひと》があつまるようになります。これまでとは、くらすかんきょうがかわってきています。
わたしたちのくらしは、にぎやかになりました。

子《こ》どももたくさん引《ひ》っこしてきて、学校《がっこう》のクラスがふえるかもしれません。きっと、学校《がっこう》の中《なか》や外《そと》で、楽《たの》しい出《で》会《あ》いがあり、新《あたら》しい友《とも》だちができるでしょう。
知《し》らないことを教《おし》えてもらい、知《し》っていることを教《おし》えてあげる、そんな新《あたら》しいつながりをも、新《あたら》しいマンションがつくり出《だ》してくれるのです。

みぢかにあるマンションを見《み》てみましょう。
そのまわりのようすも、かんさつしてみましょう。
きっと、新《あたら》しいはっけんがあるはずです！

マンション今《いま》むかし

できたのは なんと1000年前《ねんまえ》！ 古《ふる》い集合住宅《しゅうごうじゅうたく》

大《おお》きな家《いえ》をいくつかのへやに分《わ》け、それぞれのへやを「家《いえ》」として、たくさんの人《ひと》がくらすマンションのような家《いえ》を「集合住宅《しゅうごうじゅうたく》」とよびます。アメリカのニューメキシコ州《しゅう》にある集合住宅《しゅうごうじゅうたく》「タオス・プエブロ」は、今《いま》から1000年以上前《ねんいじょうまえ》につくられました。せかいでもっとも古《ふる》い集合住宅《しゅうごうじゅうたく》です。ドアはあとからつけられたもので、当時《とうじ》は、出入《でい》り口《ぐち》が天《てん》じょうにありました。はしごでのぼって天《てん》じょうから出入《ではい》りしていたそうです。

今《いま》でも、ここでくらしている人《ひと》がいて、電気《でんき》や水道《すいどう》をつかわないむかしながらの生活《せいかつ》をしています。

©Wendy Connett / Robert Harding / amanaimages

みんなでたすけ合《あ》い 長屋《ながや》のくらし

日本《にほん》での集合住宅《しゅうごうじゅうたく》のはじまりは、江戸時代《えどじだい》（1603～1867年《ねん》）の「長屋《ながや》」だと考《かんが》えられます。

長屋《ながや》は、細長《ほそなが》い家《いえ》をいくつかのへやに分《わ》けたつくりで、それぞれのへやを「家《いえ》」として、ちがう家族《かぞく》がくらしていました。

ひとつの家《いえ》は6じょうほどの広《ひろ》さで、おふろはなし。今《いま》のような水道《すいどう》のせつびもなかったため、長屋《ながや》のそばに、みんなでつかう井《い》戸《ど》とトイレがありました。

長屋《ながや》はとなりの会話《かいわ》が聞《き》こえるほど、せまい家《いえ》でしたが、家族《かぞく》のように、たすけ合《あ》ってくらしていたそうです。

写真提供：江東区深川江戸資料館

引《ひ》き戸《ど》のあるところがひとつの「家《いえ》」。むかいがわにもおなじ長《なが》屋《や》がたっていて、通《とお》りもせまい。

長屋《ながや》のわきにある井戸《いど》。きんじょの人《ひと》と、ここで立《た》ち話《ばなし》をすることが多《おお》かった。左《ひだり》のおくにあるのがトイレだ。

アパートのはじまりは木造《もくぞう》5かいだて！

江戸時代《えどじだい》のつぎの明治時代《めいじじだい》（1868 ～ 1912 年《ねん》）には、よりたくさんの人《ひと》がくらせる 2 かいだての長屋《ながや》や、洋風《ようふう》の集合住宅《しゅうごうじゅうたく》がたてられるようになりました。

そうしたなかで、1910 年《ねん》にたんじょうしたのが、「上野倶楽部《うえのくらぶ》」。木造《もくぞう》のアパートで、当時《とうじ》としてはおどろきの5かいだて！　へや（家《いえ》）の数《かず》も 80 ありました。洗面所《せんめんじょ》やおふろは家《いえ》にはなく、1かいにつくられたおふろをみんなでつかっていました。

上野倶楽部《うえのくらぶ》がたてられたのが 11 月《がつ》6 日《か》だったことから、この日《ひ》は「アパートの日《ひ》」になっています。

「へや」を買《か》うはじめての分《ぶん》じょう

分《ぶん》じょうというのは、集合住宅《しゅうごうじゅうたく》のひとへやを買《か》うこと。1953 年《ねん》、東京《とうきょう》の渋谷《しぶや》にたてられた宮益坂《みやますざか》ビルディングが、日本《にほん》ではじめての分《ぶん》じょうマンションです。そのおねだん、当時《とうじ》でおよそ 100 万円《まんえん》（今《いま》なら 2000 万円《まんえん》）。

地上《ちじょう》 11 かいだて（地下《ちか》 1 かい）で、2 かいだてのたてものがたちならぶなか、とても目立《めだ》っていました。もちろんエレベーターもありました。

写真：毎日新聞社 / アフロ

宮益坂《みやますざか》ビルディングのへやのようす。5かいから 11 かいが住宅《じゅうたく》だった。

2016 年《ねん》ごろのようす。2017 年《ねん》にたてかえ工事《こうじ》がはじまり、新《あたら》しいビルになる。

© 朝日新聞社 / アマナイメージズ

© 朝日新聞社 / アマナイメージズ

たてられた当時《とうじ》の宮益坂《みやますざか》ビルディング。まわりにくらべて、ひときわ大《おお》きなたてものだった。

アパート？　マンション？　何《なに》がちがうの？

アパート、マンションと聞《き》くと、アパートはせのひくいたてもので賃貸《ちんたい》（かりること）、マンションはせの高《たか》いたてもので分《ぶん》じょうというイメージがあります。でも、じつはアパートとマンションに、はっきりしたちがいがあるわけではないのです。

アパートは、集合住宅《しゅうごうじゅうたく》のことをさす「アパートメント」からできた、日本《にほん》だけでつかわれることばです。分《ぶん》じょうの集合住宅《しゅうごうじゅうたく》がとうじょうしたころも、「アパート」とよばれていました。

それが、1964 年《ねん》の東京《とうきょう》オリンピックをきっかけに、分《ぶん》じょうの集合住宅《しゅうごうじゅうたく》を買《か》うのがはやり、つぎつぎとたてられました。より売《う》れるようにと、高級感《こうきゅうかん》を出《だ》すためにつかわれるようになったのが「マンション」の名《な》。マンションの本来《ほんらい》のいみは、森《もり》にかこまれて、プールやテニスコートがあるような大《おお》きな家《いえ》のことです。

だから、外国《がいこく》の人《ひと》に「マンションにすんでいる」というと、「どれだけ大金《おおがね》もちなの！」とおどろかれます。ご注意《ちゅうい》を！

やる気《き》まんまん!?

せかいの マンション

イタリア

ボスコ・ヴァーティカル

え!?　マンションから木《き》が生《は》えてる？

ふたつのたてもののかべに緑《みどり》がびっしり!?
「すいちょくの森《もり》」ともいわれる、木《き》が大《だい》好《す》きなけんちく家《か》がつくったマンションだよ。ふたつのたてものには、大小《だいしょう》さまざまな木《き》が、およそ5900本《ほん》もうえられているよ。木《き》は、そこにすむ人《ひと》のものになるんだ。木《き》は大《おお》きくなるから、こまめに手《て》入《い》れがされていて、今《いま》では鳥《とり》のすなんかもあるんだって！

シンガポール

ザ・インターレース

つみ木《き》じゃないよ

巨人《きょじん》がつんでったの!?　思《おも》わずいいたくなるようなマンションだね。細長《ほそなが》い6かいだてのたてもの31とうが、つみかさなっているよ。好《す》きかってにおかれているように見《み》えるけど、きちんと計算《けいさん》されていて、上《うえ》から見《み》るとハチのすのような形《かたち》になっているんだ。

アメリカ

432パーク・アベニュー

アルミのゴミばこににている!?

高《たか》いビルがたちならぶなかで、空《そら》にとどくのではと思《おも》うほど、ポン！ とつき出《で》たビルは、なんとマンション！

96 かいだてで、高《たか》さはおよそ 426 メートル!?　2015 年《ねん》にできたときは、せかいでいちばん高《たか》いマンションだったよ。アメリカでよくつかわれるゴミばこのデザインににているんだって！

写真：Design Pics／アフロ

日本《にほん》

中銀《なかぎん》カプセルタワービル

今《いま》にもカプセルが
動《うご》きだしそう

近未来《きんみらい》からあらわれた⁉　思《おも》わず目《め》をとめてしまうユニークなマンション。丸《まる》いまどがついた「はこ」の一《ひと》つひとつがカプセルとよばれるへやで、140 もあるよ。このカプセル、じつはとりかえることができるつくりになっているんだけど、まだとりかえたことはないんだって。

※ 2022 年に解体された。一部のカプセルは美術館に収蔵・保存されている。

スペイン

カサ・ミラ

まっすぐじゃない⁉

うねうねと、まがった線《せん》でできているたてもの。スペインのそばにある「地中海《ちちゅうかい》」という海《うみ》をイメージしてつくられたデザインだ。屋上《おくじょう》にある、ふしぎな形《かたち》のものは、なんとえんとつ！ ゆうめいなかんこうスポットになっているけれど、今《いま》もここで人《ひと》がくらしているよ。

わくわく

マンション工事《こうじ》でかつやくする

じゅうき 重機

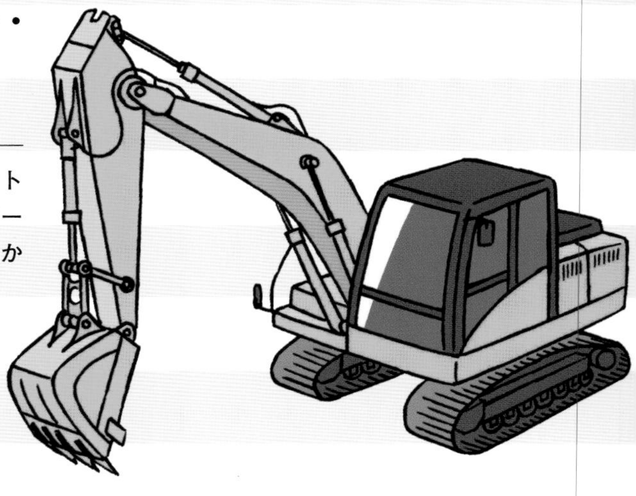

バックホウ

地面《じめん》をほりおこすバケットがついた、はたらく車《くるま》。アームの先《さき》は、いろいろつけかえられる！

ダンプトラック

土《つち》やすな、コンクリートのかけらなどをたくさんつんで、はこぶトラック。に台《だい》をかたむけて、一気《いっき》ににもつをおろすことができる。

テレスコクラム

アームの先《さき》に、貝《かい》のような形《かたち》の、土《つち》をすくうシャベルがついている。

ぐるぐる回《まわ》る

コンクリートミキサー車《しゃ》

生《なま》コンクリートをぐるぐる回《まわ》しながら、コンクリート工場《こうじょう》から工事《こうじ》げんばまではこぶ。

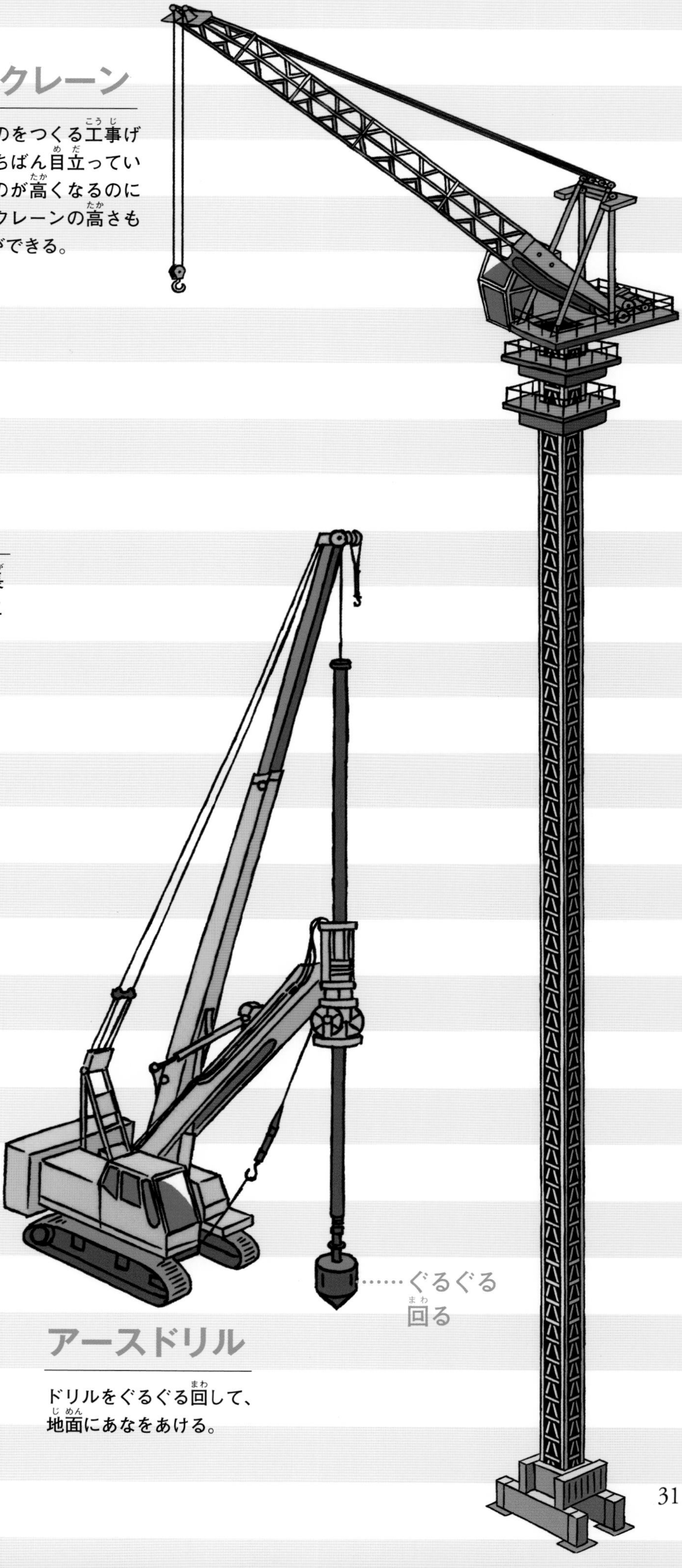

タワークレーン

高《たか》いたてものをつくる工事《こうじ》げんばで、いちばん目立《めだ》っている。たてものが高《たか》くなるのに合《あ》わせて、クレーンの高《たか》さものばすことができる。

コンクリートポンプ車《しゃ》

コンクリートミキサー車《しゃ》と合体《がったい》して、長《なが》いホースでコンクリートを、はなれたところまでとどける。

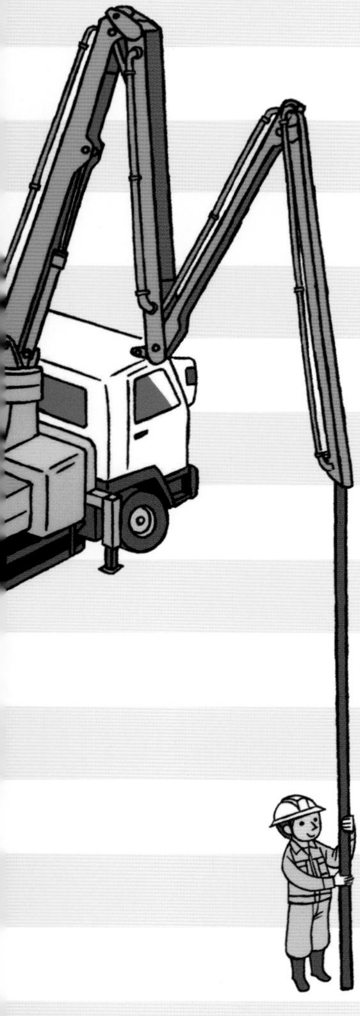

アースドリル

ドリルをぐるぐる回《まわ》して、地面《じめん》にあなをあける。

[監修] 鹿島建設株式会社
https://www.kajima.co.jp/

[イラスト] たじまなおと

千葉県生まれ、千葉県在住。デザイン会社勤務を経て、2004 年からイラストレーターとして活動している。かわいらしくて、どこか懐かしさが漂うイラストレーションが特徴。幼児から小学生向けの通信教育・教科書の教材イラストや、図鑑など書籍のイラストを多く描いている。ほかには、絵本の挿し絵や雑貨のイラストなどを手がけることもある。

[装丁・本文デザイン]
FROG KING STUDIO（近藤琢斗、綱島佳奈、森田直）

[編集協力] 田口純子

だんだんできてくる②

マンション

2020 年 2 月 初版第 1 刷発行
2024 年 11 月 初版第 4 刷発行

[発行者] 吉川隆樹

[発行所] 株式会社フレーベル館
〒 113-8611 東京都文京区本駒込 6-14-9
電話 営業 03-5395-6613 編集 03-5395-6605
振替 00190-2-19640

[印刷所] 株式会社リーブルテック

NDC510 ／ 32 P ／ 31 × 22 cm
Printed in Japan
ISBN 978-4-577-04805-4

乱丁・落丁本はおとりかえいたします。
フレーベル館出版サイト
https://book.froebel-kan.co.jp

だんだんできてくる

まちたんけんにGO!

［全８巻］

できていくようすを
定点で見つめて描いた
絵本シリーズです

「とても大きな建造物」や
「みぢかなたてもの」、
「たのしいたてもの」が
どうやって形づくられたのかが
わかる！

1 道路
監修／鹿島建設株式会社
絵／イケウチリリー

2 マンション
監修／鹿島建設株式会社
絵／たじまなおと

3 トンネル
監修／鹿島建設株式会社
絵／武者小路晶子

4 橋
監修／鹿島建設株式会社
絵／山田和明

5 城
監修／三浦正幸
絵／イケウチリリー

6 家
監修／住友林業株式会社
絵／白井匠

7 ダム
監修／鹿島建設株式会社
絵／藤原徹司

8 遊園地
監修／株式会社東京ドーム
絵／イスナデザイン